小牛顿科学馆

全新升级版

石油·煤

SHIYOU · MEI

台湾牛顿出版股份有限公司　编著

接力出版社
Publishing House

桂图登字：20-2016-224

简体中文版于 2016 年经台湾牛顿出版股份有限公司独家授予接力出版社有限公司，在大陆出版发行。

图书在版编目（CIP）数据

石油·煤／台湾牛顿出版股份有限公司编著. —南宁：接力出版社，2017.7（2024.1重印）
（小牛顿科学馆：全新升级版）
ISBN 978-7-5448-4929-6

Ⅰ.①石… Ⅱ.①台… Ⅲ.①石油-儿童读物②煤-儿童读物 Ⅳ.①TE-49②TD94-49

中国版本图书馆CIP数据核字（2017）第145917号

责任编辑：程 蕾 郝 娜 美术编辑：马 丽
责任校对：刘哲斐 责任监印：刘宝琪 版权联络：金贤玲
社长：黄 俭 总编辑：白 冰
出版发行：接力出版社 社址：广西南宁市园湖南路9号 邮编：530022
电话：010-65546561（发行部） 传真：010-65545210（发行部）
网址：http://www.jielibj.com 电子邮箱：jieli@jielibook.com
经销：新华书店 印制：北京瑞禾彩色印刷有限公司
开本：889毫米×1194毫米 1/16 印张：4 字数：70千字
版次：2017年7月第1版 印次：2024年1月第11次印刷
印数：69 001—76 000册 定价：30.00元

目 录

写给小科学迷

　　石油是与我们的日常生活息息相关的能源,除了作为燃料外,这几十年来,人类将石油制成橡胶、纤维等材料,再将这些材料加工成鞋子、轮胎、衣服、油漆等日常用品,让我们的生活更加便利。人类开采石油不过100多年的时间,却已经将这亿万年的遗产用掉大半,同时造成严重的环境污染。该如何解决石油短缺的危机,并减轻石油所带来的环境负担,是现今人们必须面对的课题。

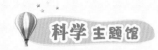

珍贵的能源——石油

　　说到石油，大家最先想到的，就是提炼燃料，或者作为铺马路用的沥青。但其实石油的用途很广，目前我们生活中的物品，许多原料都来自石油，石油加工后的产物可以做成衣服、鞋子，也可以做成药品、清洁剂，甚至有些食品中也含有石油的提取物。

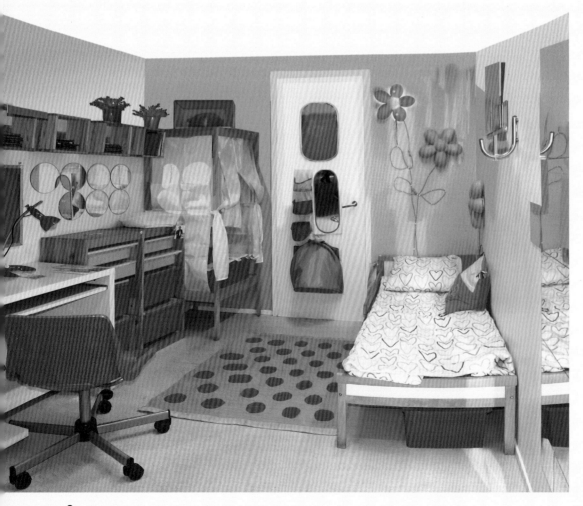

石油制品在我们生活中真是无处不在，猜猜看，客厅里有哪些东西和石油有关呢？衣服、地毯、沙发、抱枕、窗帘、塑料盆以及墙壁上的油漆等，都能和石油沾上边。

古代生物的遗泽——化石燃料

　　亿万年前，地球表面几乎都被海水覆盖，海洋中有许多生物。这些生物死亡后，残骸沉到海底。慢慢地，一层层的泥沙堆积到这些残骸上面，经过地热、压力和细菌等各种作用后，这些生物的残骸逐渐地腐败而被分解，最后形成了石油、天然气和煤炭。我们称这些燃料为"化石燃料"，它也是目前我们所使用的主要能源。

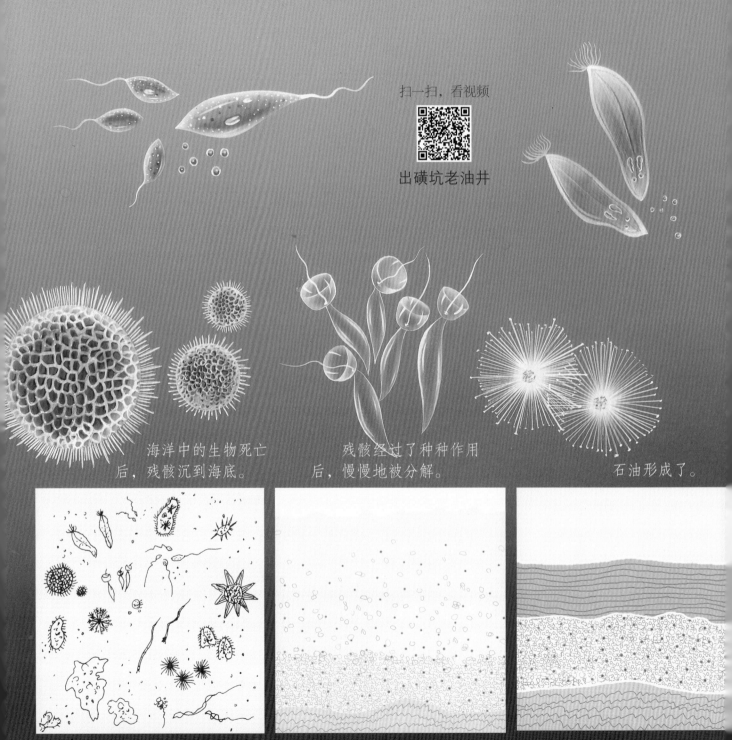

扫一扫，看视频

出磺坑老油井

海洋中的生物死亡后，残骸沉到海底。

残骸经过了种种作用后，慢慢地被分解。

石油形成了。

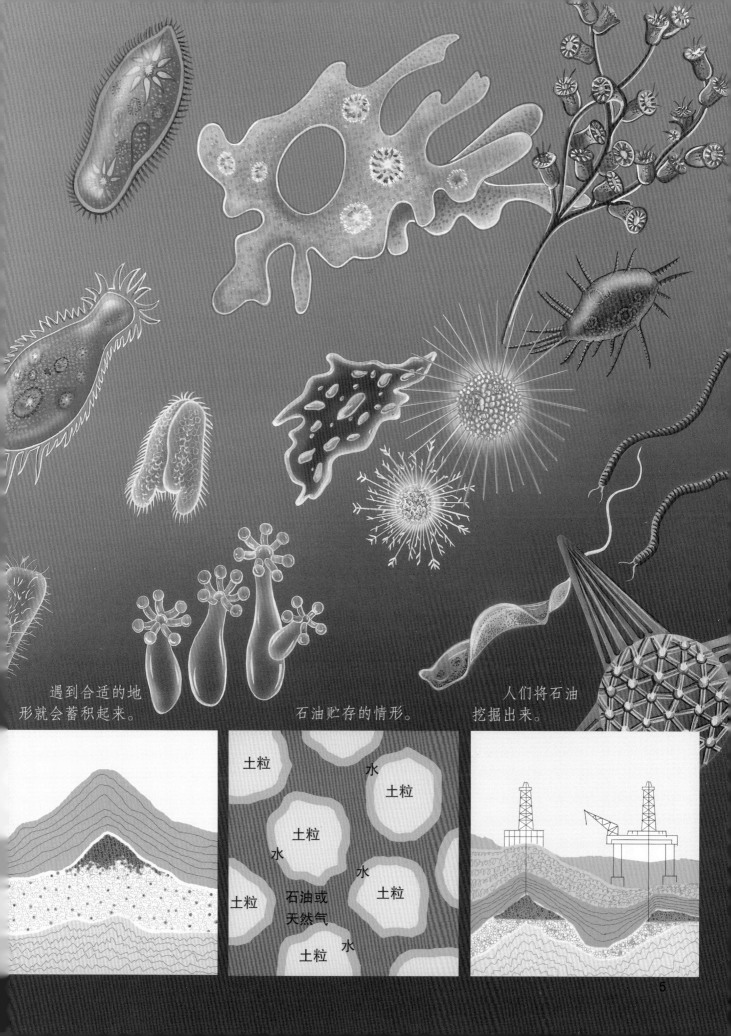

遇到合适的地形就会蓄积起来。

石油贮存的情形。

人们将石油挖掘出来。

土粒

水

土粒

水

土粒

土粒

石油或
天然气

水

土粒

"黑金"在哪里?

　　珍贵的石油被人们称为"黑金","黑金"究竟藏在哪里呢?根据目前已开发的油田来看,大部分的石油贮藏在人迹罕至的地方,例如沙漠、海底等。它们往往被保存在结构上有空隙、裂缝的岩层中,像砂岩、石灰岩等,这类岩石像海绵一样,能吸收石油。除此之外,还需要有坚硬的岩石盖在上面,才能防止石油因为地壳往上挤压而流出地面挥发。最常发现石油的地方是呈现弯曲、向上突起的背斜层,其他像断层、岩盐层等地质构造中,也曾发现过石油。

背斜层

不透水岩层

天然气

石油

水　　　不透水岩层　　　水

不透水岩层

石油

水

砂岩

有机物在岩层中转化为石油时，同时也会形成天然气。天然气是主要由甲烷组成的可燃性气体，自然状态下无色无味，储藏在不透水岩层中，因此，挖掘出石油前，经常会先挖到天然气。天然气在低温零下 162 摄氏度可以冷却成液态天然气，方便储存运送。

断层

岩盐层

石油

不透水岩层

天然气

石油

水

水

不透水岩层

8

人类第一次接触石油产物

　　大约 5000 年前，人类在无意中发现了一种气味呛鼻、颜色焦黑，而且黏糊糊的东西，这就是我们现在用来铺马路的沥青，又称为"柏油"。它是地底下流出的石油在地面上挥发后残留下来的产物，这也是人类和石油产物的第一次接触。由于沥青具有黏性，当时人们用它来黏结建造房屋的砖头或修补破损的渔船，甚至连古埃及木乃伊身上裹的布条也都涂有沥青，可防止尸体腐烂。

石油用途日益增多

古人还会利用沥青提炼出"石油精"，有些类似于今天的汽油，可以燃烧，由于燃烧的时间可以维持很久，所以被称为"永恒之火"。除了将其作为燃料外，约在 2600 年前，古人还利用石油、树脂和硫黄做成火球，应用在战争上，威力还不小呢！

19 世纪以前，人类利用鲸油及植物油来点灯；到了 19 世纪，人类开始从含有石油的油页岩及天然沥青中提炼出灯油来照明，也就是"煤油灯"。从此以后，人类的家庭中就有了明亮的灯火。

"石油时代"来临

　　除了用来提炼灯油以外，人们发现石油还可以做很多机器的燃料，从此以后，自然冒出地面的石油渐渐不能满足人们的需求了，于是人们开始利用人力或机器把石油挖出来使用。第一个成功打出现代工业油井的是美国人德雷克。他利用蒸汽机来钻油井，终于在 1859 年获得了大量的石油。德雷克开挖石油成功的消息传遍世界各地，立刻引发石油挖掘的热潮。不久之后，各种石油工业随之兴起，人类也正式进入了"石油时代"。

陆上油田使用的抽油泵

　　现在陆地上的油井，若是井底下的油气的压力不够将原油挤压出来，就会使用抽油泵来抽取原油。

困难重重的勘探工作

　　隔着地壳，要探查出哪里藏有石油实在不简单。科学家们利用飞机或人造卫星拍摄地面，再根据照片判断地底下岩石的分布状况和地质构造，推测哪里可能藏有石油，然后前往那个地点采集岩石标本回来分析。海底的勘探工作比较困难，必须先在海面上制造小型爆炸，让震波传入海底下的岩石，再将传回来的反射波记录下来，然后根据这些记录，判断哪里可能有石油。

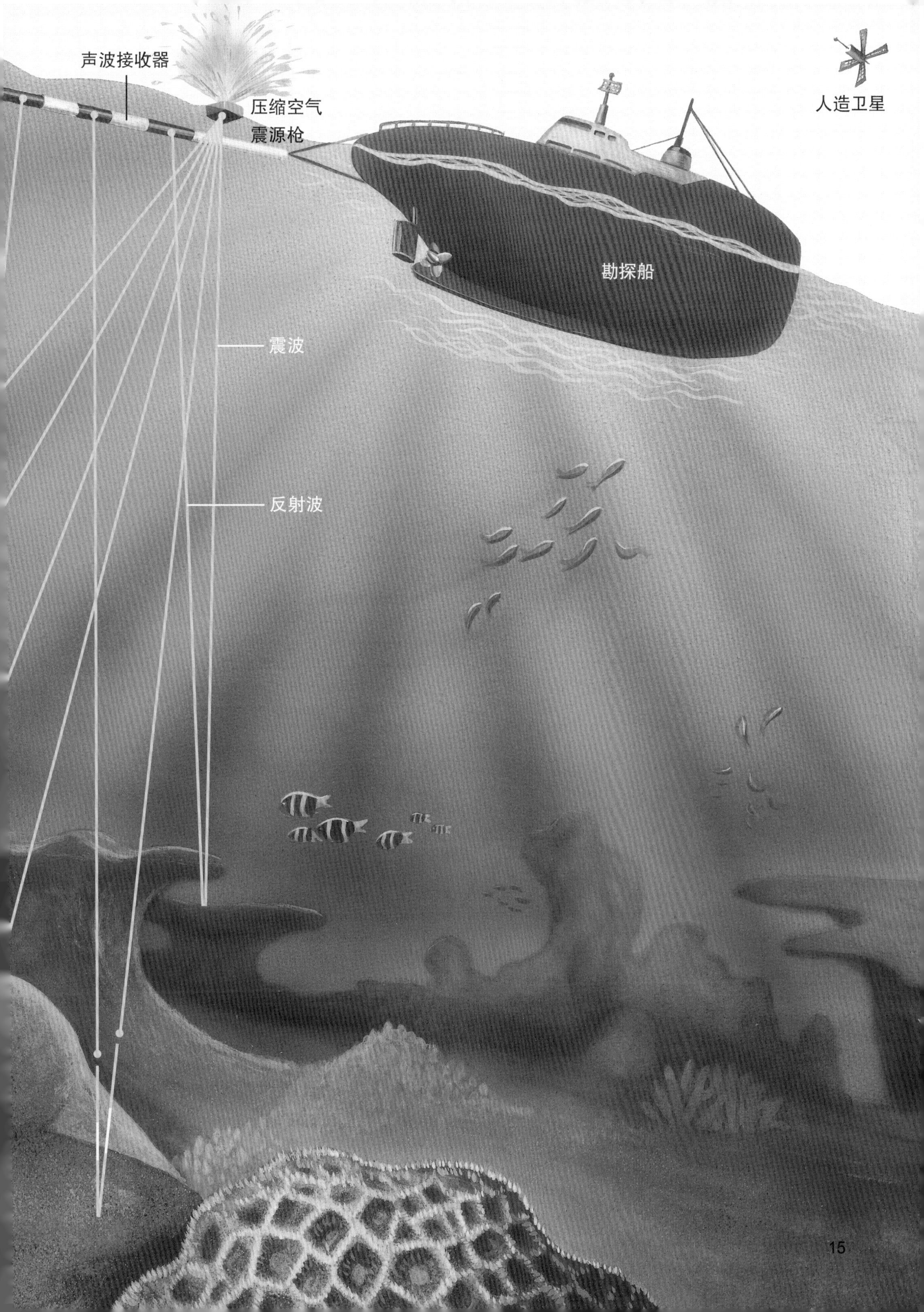

声波接收器

压缩空气
震源枪

震波

反射波

勘探船

人造卫星

15

钻油井，采石油

　　无论是陆地还是海洋勘探，一旦发现可能藏有石油的地点，都必须先进行"试钻"的工作。海上的钻油设备叫作"钻机"，一共有三种："固定式"用于浅海地区，"半潜式"用于水深 100 米以内的地区，"船式"则用于深海地区。钻机上有座铁塔般的钻井架，它在钻油过程中扮演着相当重要的角色，钻油井的工具必须靠它吊起，才能往地底钻。只要看见陆地或海面上耸立着一座座的钻井架，我们就知道钻油的工作正在那儿进行。

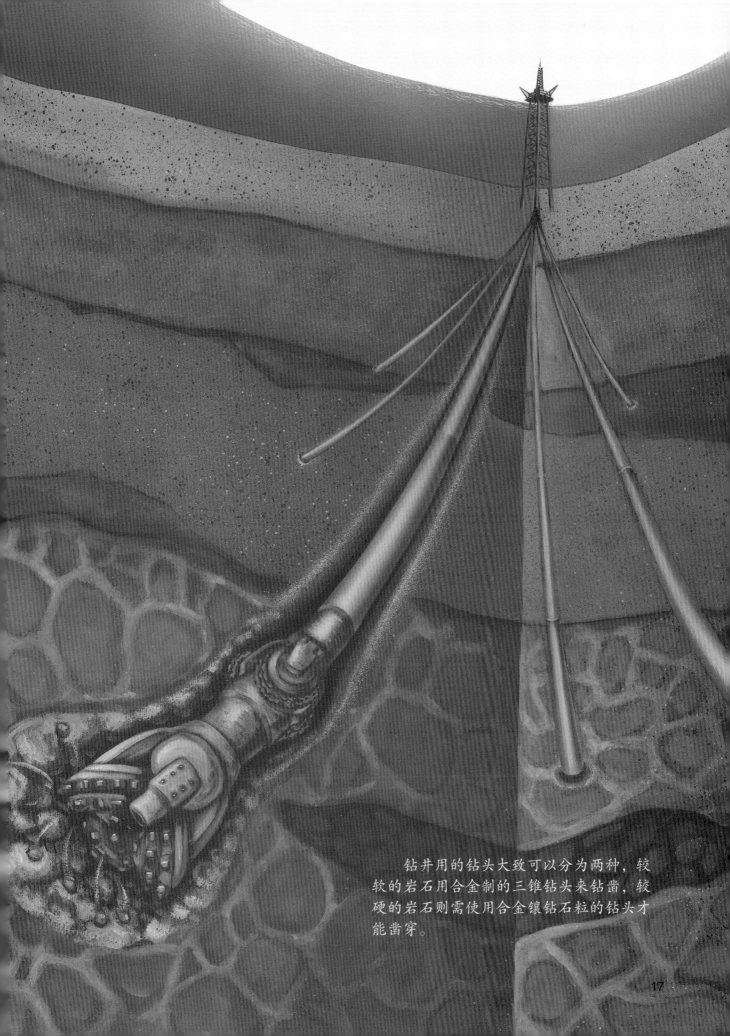

钻井用的钻头大致可以分为两种，较软的岩石用合金制的三锥钻头来钻凿，较硬的岩石则需使用合金镶钻石粒的钻头才能凿穿。

可怕的井喷

　　钻油时最怕发生"井喷"的惨剧了。

　　井喷是指地底下的油、气等以巨大的冲力喷出井口，一旦引起火灾，灾情就很难控制了。墨西哥湾的油田曾经发生大火，烧了长达9个月。因此，在钻油的同时，必须从井口钻管的中心灌入一种特制的泥浆，以防止油、气等突然涌出井口而发生意外。此外，这种泥浆到了地下还可以冷却并润滑转动中的钻头。泥浆从钻管外面的特殊装置流回井口时，还会把钻碎的岩石一起带出，让工作人员检查有没有挖到石油的迹象。

当石油污染了海洋

　　由于油比水轻，在海上钻油，一不小心流出的石油会浮在海面，有一部分会和尘埃混成大大的油块，到处漂流，造成污染。海洋中的鱼类、藻类和贝类等，它们赖以生存的环境如果受到浮油污染，常会因为中毒或缺氧而死亡。鸟类如果沾上石油，羽毛结构会被破坏而导致其飞不起来，很可能就会死亡。

扫一扫，看视频

海洋漏油污染

长长的输油管

石油被开采出来以后，如何运送到各地去呢？

无论是从陆地还是从海洋开采出来的石油，都必须经过长长的输油管，有的运到炼油厂，有的运到油轮，然后再送往其他国家。这些输油管是由一根根又粗又大的钢管焊接起来的，外围裹上沥青或塑料胶带，以免生锈或破裂。长长的输油管有的被埋在地下，有的则露在地面，横越海洋、高山或沙漠，景象颇为壮观。

源源不绝的再生能源

再生能源是一种自然产生、可不断循环使用的能源，通常来自大自然产生的能量，像太阳能、风力、地热能等。目前中国、美国、日本、德国等国家，已经开始在人们的房子或车子外面安上太阳能电池板，吸收太阳的辐射能，再将其转化成电能，用在日常生活中或为车子提供动力。

水力发电厂

风力发电机

水车

光电池

潮汐温差电站

风车

帆船

由波浪驱动的发电机

太阳能收集器

地热发电厂

核电站

潮汐电站

火力发电厂

生物质燃料

31

可燃烧的黑色石头——煤

　　除了石油外，人们还从地下挖出了另一种重要的能源——煤。人类使用煤的记录很早，我国早在公元前 3500 年，就已经拿它来烧饭、取暖。

　　到了 13 世纪，意大利探险家马可·波罗来到中国，后把煤推广到欧洲，不过因为烧煤会产生臭味，欧洲人以为煤有毒，所以不敢使用。直到 18 世纪工业革命时，英国人发明蒸汽机，煤成了最适合的动力燃料，于是煤摇身一变，成为工业发展最重要的能源之一。

33

煤的形成

　　为什么地底下会藏有煤？煤是怎么形成的呢？其实，煤是距今 3 亿—2 亿年前的蕨类植物变成的。地球的地壳变动，使得大量的蕨类植物被埋进了地底，这些植物长时间受到压力与地热的作用，慢慢转变为煤，并在地壳中形成一层层厚厚的煤层。

　　煤主要是由碳构成的，在煤的生成过程中，会先形成含碳量最少的泥煤，随着温度和压力的增加，煤的水分逐渐变少，含碳量会逐渐增加，然后形成褐煤、烟煤，最后成为含碳量最高的无烟煤。

含碳量最少的泥煤，燃烧产生的热能也最少。

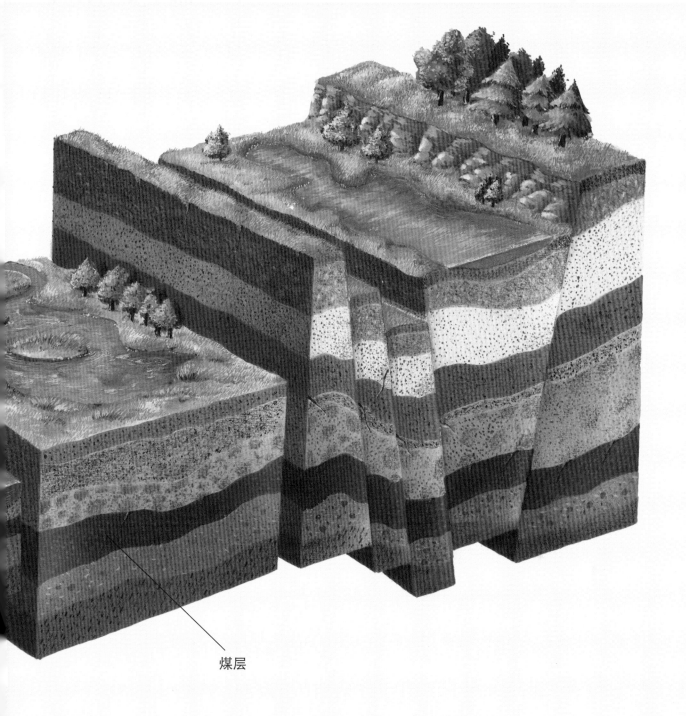

煤层

褐煤常被用作火力发电的燃料。

无烟煤埋在地底的时间最长，燃烧时产生的烟很少，适合做家用燃料。

地下煤矿的开采

　　煤矿都埋藏于地底下，如果勘探后发现煤层位置不深，接近地表时，会以地表采煤法挖取煤矿，只要将地表的泥土移除，就可以挖出煤矿了。如果煤层距离地表的位置较深，会以地下采煤法挖取，人们会建造矿坑，深入地下，让工人进到地底下一层一层开挖。煤矿的埋藏位置越深，矿坑就越深入地底。

地表采煤法

　　储煤量大而且煤层暴露在地面或埋藏不深的煤田，用地表采煤法。利用机械挖掘机做大规模开采。

地下采煤法

　　开采深埋在地底下的煤矿时，必须向下垂直打一个竖井，再用升降机把人员和器材运送下去挖煤。如果煤层斜交于地面，得沿着煤层的方向开一个平行于煤层的斜坑，才能将矿工送到地下开采煤矿。

煤的应用

煤的用处很多，一直到现在，它仍是工业上的重要燃料。火力发电厂就是用煤当燃料，把锅炉中的水烧开，产生水蒸气带动涡轮转动，使发电机运转产生电力。

燃烧煤可以产生热能，但也会产生大量的烟尘和气体。这些污染物如果没经过处理，直接排放到空气中，会造成空气污染，形成酸雨，这些都会对环境及生态造成威胁。科学家们也从煤中提炼出许多化学物质，成为生活中重要的用品。

煤在生活中的应用

煤也可以作为化学工业的原料，制作出樟脑丸、化学肥料、药品、人工染料等产品。

樟脑丸

化学肥料

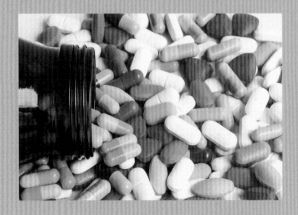

药品

火力发电厂

文明的杀手——塑料废弃物

数数看，在你的手边可以找到几个塑料袋？多少种塑料制品？想想看，这些东西都是从哪里来的呢？

不知道从何时开始，塑料袋成了我们的"生活必需品"，几乎任何东西都用塑料袋装。另外，各种轻便的塑料瓶和一次性餐具取代了既笨重又容易摔碎的玻璃和陶瓷容器，近年来更是大为流行！但是，除方便、实用以外，你知道这些泛滥的塑料制品，究竟隐藏了什么样的危机吗？

天哪！想起来还真吓人呢！

贪图方便的苦果

这些带给我们方便的塑料制品，最后也都成了垃圾，被运送到掩埋场掩埋或进行焚化处理。麻烦的是，这些塑料废弃物具有不被细菌腐化、分解的特性，因此不仅占掉很多掩埋空间，也会破坏地层的结构。即使用焚化炉焚化，如果处理不当，也会造成严重的空气污染。

嘿嘿！看我们塑料的厉害！

让废弃塑料瓶起死回生

为什么近年来大家对空塑料瓶造成的污染感到特别恐慌呢？因为这些废弃的塑料瓶不耐热，无法经过高温杀菌后重复使用，因此没有厂商愿意回收这些"废物"。但是垃圾掩埋场中的塑料瓶比塑料袋还要蓬松，很难压扁，处理上当然就更让人伤脑筋了。

其实，塑料瓶是用一种质地很好的塑料制成的，如果将这些废塑料瓶收集起来，再借助科学技术重新加以粉碎、分离处理，还可以制成工业用塑料，作为制作各种家用电器、复印机、汽车等的零部件的好材料呢！

未来的地球

如果大家对可怕的塑料垃圾问题仍熟视无睹，听之任之，那么迟早有一天，我们的地球将面目全非。

● 买东西时，尽可能使用纸袋或自备购物袋。

● 不买一次性塑料瓶装的各种物品。

● 减少使用各种塑料制品。

√玻璃制品　√陶瓷制品　✕塑料制品

● 不能再使用的塑料废弃物要集中起来，以方便回收或处理。

● 把干净的塑料袋收集起来，送给杂货店或卖菜的小贩。

43

塑料也可以再利用吗?

塑料是由石油制得的,由于它具有质轻、不易破裂等特点,所以被广泛制成各种容器或是产品的外壳。可是它不容易腐化分解,用掩埋方式处理的话,则需要很大的空间;任意弃置,又会造成环境污染。如果能够再次利用,岂不是两全其美吗?

我只是要买包装内的东西,没想到却附带买了一大堆垃圾。

将回收的塑料废弃物送入机器中切碎,以高温加热,并加入适当的配料。

熔化后的塑料呈液态，从小孔挤出后呈条状，需立即冷却。

条状的再生塑料切成细粒，就可以当作原料再使用了。

再次利用的塑料可以制造出这么多的东西哟！

可以充当填充物。

可以制成帆船的外壳。

从今天起，我要全力做好塑料制品的回收工作。塑料制品在制造过程中，可能会产生形成酸雨的废气，部分塑料材质可能会释放出致癌的有毒物质。塑料废弃物经焚化后，也可能产生有毒物质二噁英。因此，减少使用塑料制品，才能减少对环境造成的伤害。

石油走吊桥

　　哇，冰天雪地里竟然有这么漂亮的吊桥！仔细观察，你会发现这座吊桥并没有桥面，显然不是为人设计的。那它是为谁设计的呢？它是美国为了输送阿拉斯加州的石油而量身定做的。

　　1968年，大西洋瑞奇费尔德公司在阿拉斯加州濒临北冰洋的普拉德霍湾发现大量的石油和天然气，这是北美地区最大的石油区。由于以油轮航行穿越冰封的北冰洋运送石油并不经济，因此该公司决定兴建横越陆地的输油管，以节省运送石油的时间和费用。输油管从阿拉斯加州北方的普拉德霍湾到南方阿拉斯加湾的不冻港瓦尔迪兹，必须经过布鲁克斯山脉、阿拉斯加山脉、楚加奇山脉及育空河、塔纳诺河等800条以上的大小河流，工程浩大、艰巨。

这是塔纳诺河输油管吊桥，长达 365.7 米。

阿拉斯加州的土壤有 85% 是永冻土，北部冰冻土厚度甚至高达 610 米。为避免温热的输油管融解永冻土，造成土壤基础流失，因此经过永冻土地区的输油管，必须高高地暴露在地表上。于是长达 1285 千米的输油管有一半以上架设在地表上，形成了特殊景观，其余管道则埋在地下。

石油从普拉德霍湾到达瓦尔迪兹需要38天又12小时54分。

在费尔班克斯往北的高速公路边，可以看到沿路兴建的输油管。

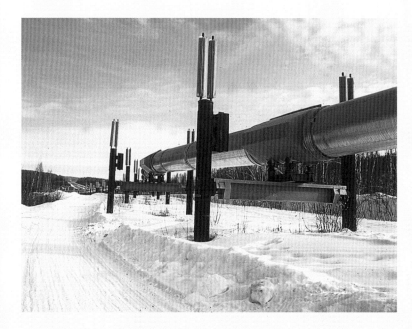

地面上的输油管的垂直支撑架里装有热管，热管内含有氨，氨能吸热，将热量带至上方的铝制辐射器内蒸发掉，使永冻土不会因高温而融解。

原油从普拉德霍湾的地底深处抽上来时，温度有68—82摄氏度，进入输油管为63摄氏度左右，最后到达南方的瓦尔迪兹港为39摄氏度左右，如果输油管埋在地下，将会融掉永冻土。

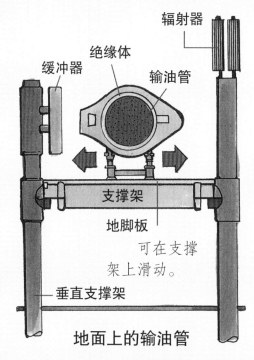

地面上的输油管

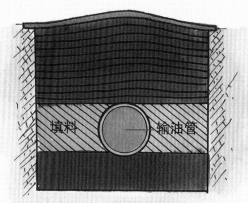

地面下的输油管

纵贯南北的输油管于1977年6月20日启用，建造的总经费高达80亿美元，有机会可以前往参观。

架设在地面高处的输油管支架，建造成 Z 字形，以适应外面温度变化所造成的膨胀和收缩效应，以及地震等外力所导致的移动。

让剩菜饭渣不再是垃圾

　　吃完饭后剩下的饭菜残渣，该怎么处理呢？这些菜根、菜叶、剩饭、水果皮等残渣，如果经过适当的处理，就可以变成有机肥料，不再是垃圾。

以前农业社会，厨余大多会回归农田，不但减少垃圾量，也是土壤有机物的主要来源，同时也是许多土地经过数千年的耕作，仍然持续保有生产力的原因。现在都市化的生活，常使这些剩菜饭渣无法回归农田，土地生产力无法维持，农民只好使用大量的化学肥料耕作，这样也影响了人体健康。

家庭垃圾分类方法

请准备三个垃圾桶。一个装不可回收垃圾，这些垃圾送至垃圾场处理；一个装有机垃圾，这些垃圾可制作有机肥料；一个装可回收垃圾，这些垃圾送至回收站或给拾荒者收集处理。如此一来，家庭可回收的垃圾约占88%，需要丢弃的垃圾只占12%，不但可以美化环境，又可以减少垃圾量。

不可回收垃圾

可回收垃圾和厨余以外的废弃物。

有机垃圾

厨余类，如菜根、菜叶、剩饭、水果皮等。

可回收垃圾

纸类（废纸、纸箱）、金属类（废铁罐、废铝罐）、塑料瓶、玻璃类等。

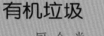

厨余含有大量的水分，易滋生细菌、散发恶臭，引来蚊蝇及蟑螂。

这些厨余如果不经过处理，就由一般垃圾车回收，直接送入焚化炉，不但会耗费能源，还会减少焚化炉的使用寿命。

让厨余变黄金

厨余约占一般家庭垃圾总量的 30%,这些厨余如果以制作堆肥的方式变成有机肥料,再回归大地,不但能使植物长得更好,也能减少垃圾量。一起来看看,如何把厨余变成有机肥料。

1.准备堆肥桶及活土菌。

2.将塑料袋打洞后,放入堆肥桶内,以利于排水。

活土菌富含多种微生物,可以加速堆肥分解,并抑制臭味产生。

3.将每餐的厨余沥干水分后,一次置入桶中,每天打开桶盖不超过 3 次。

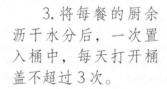

4.在 5—8 厘米厚的厨余上,撒上 4 汤匙活土菌。

7. 3—5天后，打开水龙头，将厨余发酵后产生的液肥排出。

处理过的厨余，不但不会发臭，所分解出来的水分，经过稀释后，还可以疏通排水管、浇花和种菜。

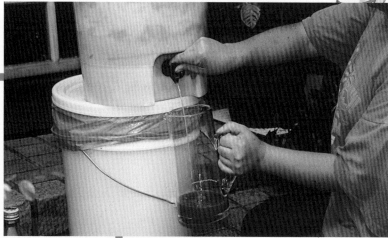

6.再盖紧堆肥桶。

8.依每周回收时间，将厨余袋取出，另外套入塑料袋，送至回收点的回收桶内，等待回收车运送至堆肥场处理。

注意事项

不要洒入清洁剂，以免影响微生物分解。第一次倒入厨余就要撒上活土菌。

堆肥桶的盖子要盖紧，以免菌种发育不良或滋生蝇虫。

请将堆肥桶置于阴凉处，避免阳光直接照射。

5.放入加压水盘，压缩厨余，使厨余容易出水。

11.盖上帆布闷熟。

10.将社区的堆肥倒入落叶的堆肥中，参与分解。

9.回收车每周会到社区回收厨余一次。

12. 用翻推机翻搅堆肥，使其温度保持在 65 摄氏度左右。

13. 2—3 个月后，这些堆肥就变成了有机肥料。

14. 运送到社区、学校，就可以再利用。

用有机肥料种出来的植物，不但长得好，花儿开得更漂亮。

垃圾减量一起来

　　很多社区及学校都开始处理厨余，使得厨余量大增，需要更多的处理场，因此社区和学校可以与种植蔬菜、水果的农民及种植花卉的花农联合，如此一来，就能真正改善土质，绿化环境，保护人体健康。

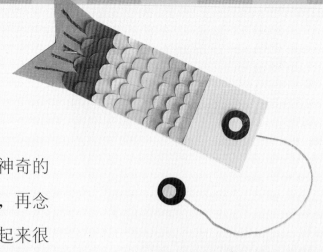

魔术板

想当个小小魔术师吗？这次我们来做神奇的魔术板。先用剪刀将穿入魔术板的线剪断，再念一下咒语，明明剪断的线又连起来了。听起来很不可思议吧！赶快试试看，把你的朋友也吓一大跳！

工具材料： 剪刀、胶带、厚纸板、纸片、线、铁丝

做 法

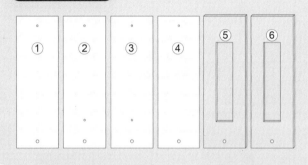

① 在厚纸板上裁剪出①至⑥号组件，并在标示的位置钻孔，钻孔时注意位置要准确。

② 在②及③号组件上端的钻孔处各穿一条约1.5厘米长的线，并如左图将背面用胶带固定。

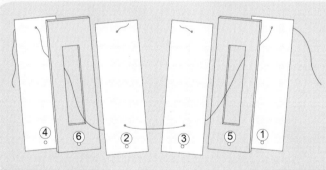

③ 如左图的方式用线穿过6片纸板，再将①⑤③和②⑥④号组件分别粘贴起来，变成两片纸板。

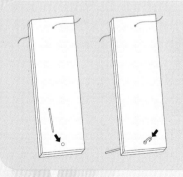

④ 如左图将两片纸板重叠，取一段铁丝穿过下方钻孔处，弯折固定住两片纸板。

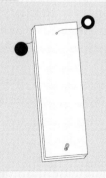

⑤ 为防止线脱落，在线的两端各绑上一张纸片，并在纸板上做些彩绘装饰，魔术板就完成了。

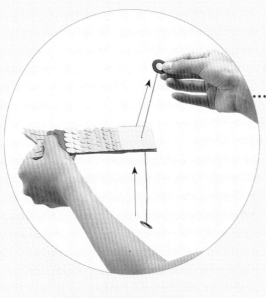

1. 将两片纸板重叠，拉动线头上的纸片，因为线能上下活动，会造成线是直接穿过两片纸板的错觉。

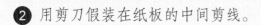

2. 用剪刀假装在纸板的中间剪线。

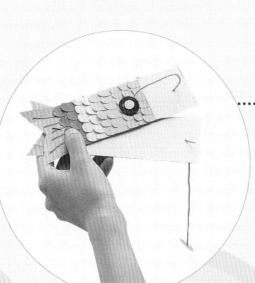

3. 将两片纸板错开，露出被剪断的线头，让大家误以为线被剪断了。

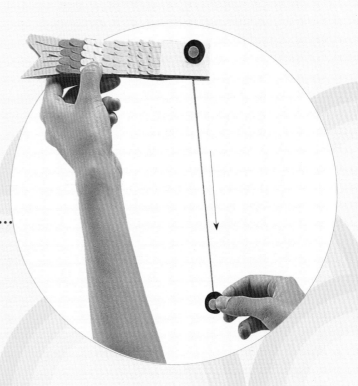

4. 再次将纸板合拢，念一段自创的咒语，缓缓地拉动线头上的纸片。咦！被剪断的线怎么又连起来了？

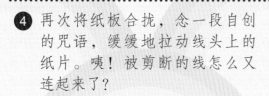

57

重塑空罐新形象

饮料喝完留下来的瓶瓶罐罐，经过仔细构思后，可以用我们的一双巧手把它们改造成艺术品呢！快来动手试试看吧！

神气牛宝宝

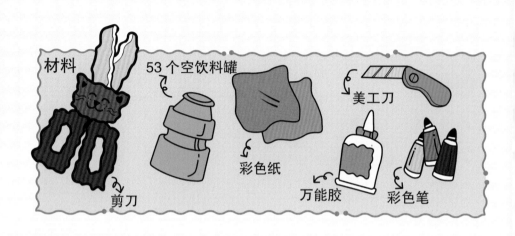

材料　53个空饮料罐　彩色纸　美工刀　万能胶　彩色笔　剪刀

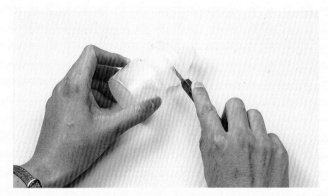

1. 拿一个罐子，沿着中间下凹部分的上缘切开。

2. 沿切口涂上一层万能胶，粘在另一个空罐上。

这是牛脸的半成品，接下来要做牛的身体。

3. 将4个空罐粘起来，再把刚才做的长罐粘在上端。

4. 将21个罐子依图粘好，作为牛身的底层。

5. 将第2层的15个空罐依图粘好，再粘到底层上，并于尾端粘上2个横放的空罐。

6. 再粘5个空罐到牛背上。

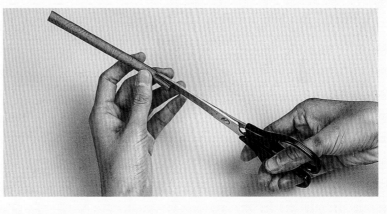

7. 把4个空罐沿中间凹陷的上缘切开，上半截用彩色笔涂黑做牛蹄，粘到罐底做成牛腿，然后把这4条牛腿固定在牛身下方。

8. 拿一小张彩色纸卷好，在一端剪出须须，做成尾巴。用其余彩色纸剪出牛脸部件。

9. 将牛脸的半成品贴上眼、鼻、口、犄角等后，固定在牛身上，并加上尾巴。

10. 这就是神气活现的牛宝宝了！

小巧凤梨

材料： 空饮料罐1个、彩色纸、剪刀、万能胶

1. 把空罐整个贴上黄色纸或涂成黄色。

像我这样小巧玲珑的凤梨，你喜欢吗？

2. 用橘红色彩色纸剪出数个长半圆形，以蓝色彩纸剪出三角形当苞片，并用绿色彩纸剪出叶子，再依图粘到黄色空罐上。

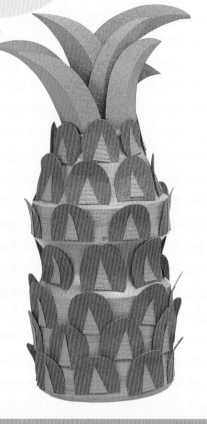

翠绿丝瓜

材料： 空饮料罐1个、橡皮泥、彩色纸、纸藤、水彩

1. 在空罐外面包上一层橡皮泥，并捏出丝瓜的造型。

2. 用水彩将外表涂成绿色。

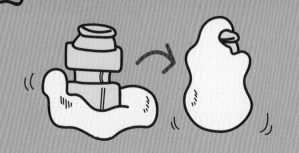

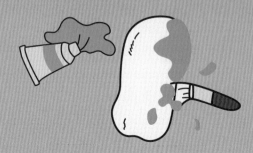

色彩缤纷的刺猬

材料：空饮料罐1个、彩色纸、橡皮泥、珠针、万能胶、剪刀、水彩

1. 将空罐外表涂成褐色。

2. 将灰色彩纸卷成圆锥状，粘在罐口当头部，并于尖端加上一个黑色橡皮泥做成的小球。

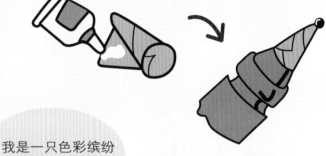

3. 把各种颜色的珠针插到刺猬身上，就完成了。

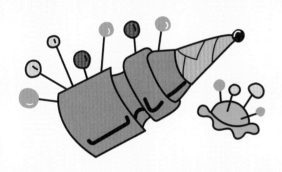

我是一只色彩缤纷的刺猬！

3. 用绿色彩纸剪出叶子和卷须，并用纸藤做出叶柄及瓜蒂，固定在空罐上，就是一个翠绿的丝瓜了。

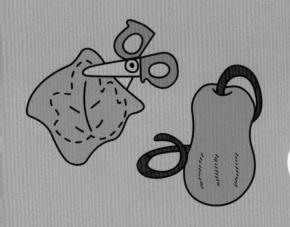

把我固定在墙上，会很漂亮哟！

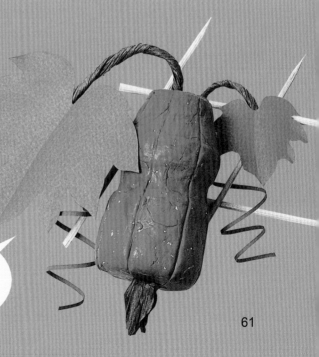

61